I0462285

BRAINY PUZZLER GROUP

CONTENTS

HOW TO PLAY

This KAKURO CROSS SUMS puzzle is constructed with a grid of 3D boxes.

To complete the puzzles, you will need to fill in the numbers which adds up to the sum (clues) of the boxes across and down.

For example:
Down
9 = 7+ 2
Across
16 = 9 + 7

The solutions are included if you become stuck.

Puzzle 1

Puzzle 2

Puzzle 3

Puzzle 4

Puzzle 5

Puzzle 6

Puzzle 7

Puzzle 8

Puzzle 9

Puzzle 10

Puzzle 11

Puzzle 12

Puzzle 13

Puzzle 14

Puzzle 15

Puzzle 16

Puzzle 17

Puzzle 18

Puzzle 19

Puzzle 20

Puzzle 21

Puzzle 22

Puzzle 23

Puzzle 24

Puzzle 25

Puzzle 26

Puzzle 27

Puzzle 28

Puzzle 29

Puzzle 30

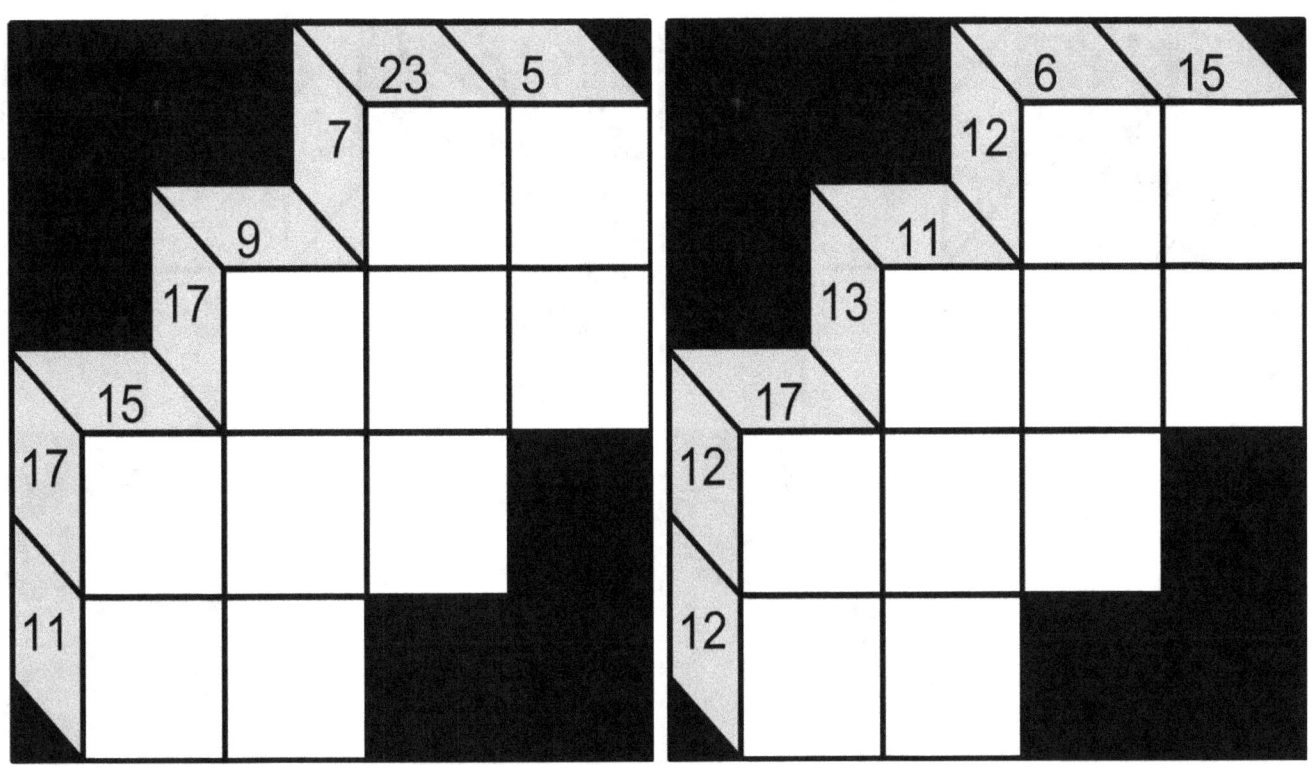

Puzzle 31

Puzzle 32

9

Puzzle 33

Puzzle 34

Puzzle 35

Puzzle 36

Puzzle 37

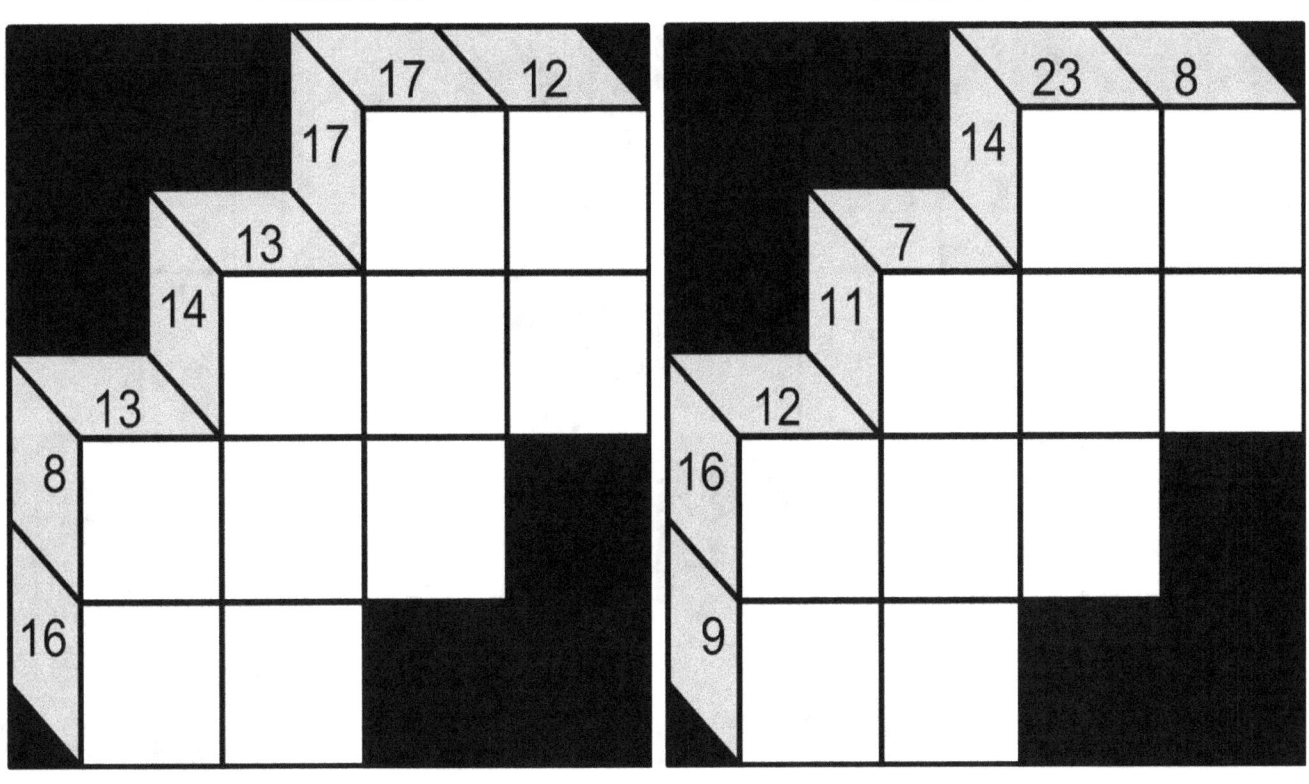

Puzzle 38

Puzzle 39

Puzzle 40

Puzzle 41

Puzzle 42

Puzzle 43

Puzzle 44

Puzzle 45

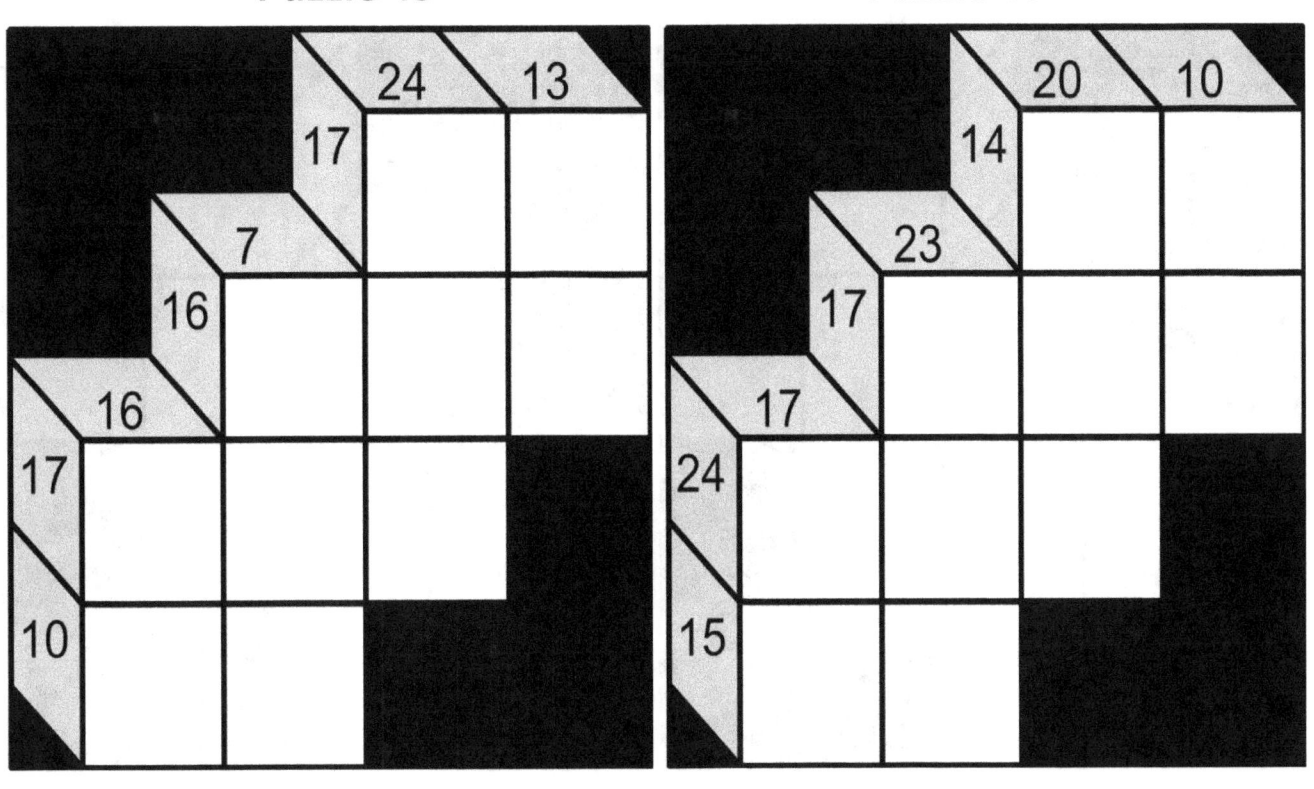

Puzzle 46

Puzzle 47

Puzzle 48

Puzzle 49

Puzzle 50

Puzzle 51

Puzzle 52

Puzzle 53

Puzzle 54

Puzzle 55

Puzzle 56

Puzzle 57

Puzzle 58

Puzzle 59

Puzzle 60

Puzzle 61

Puzzle 62

Puzzle 63

Puzzle 64

Puzzle 65

Puzzle 66

Puzzle 67

Puzzle 68

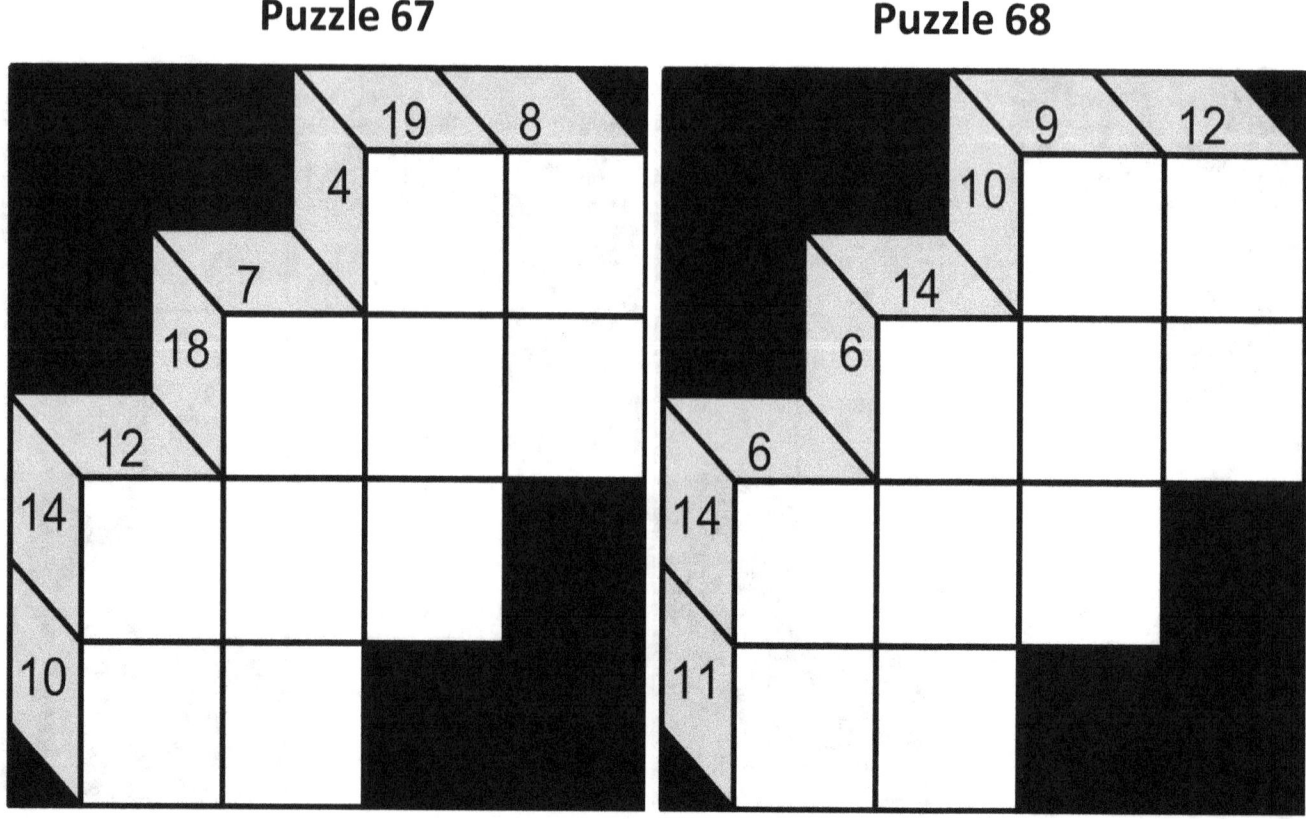

Puzzle 69

Puzzle 70

Puzzle 71

Puzzle 72

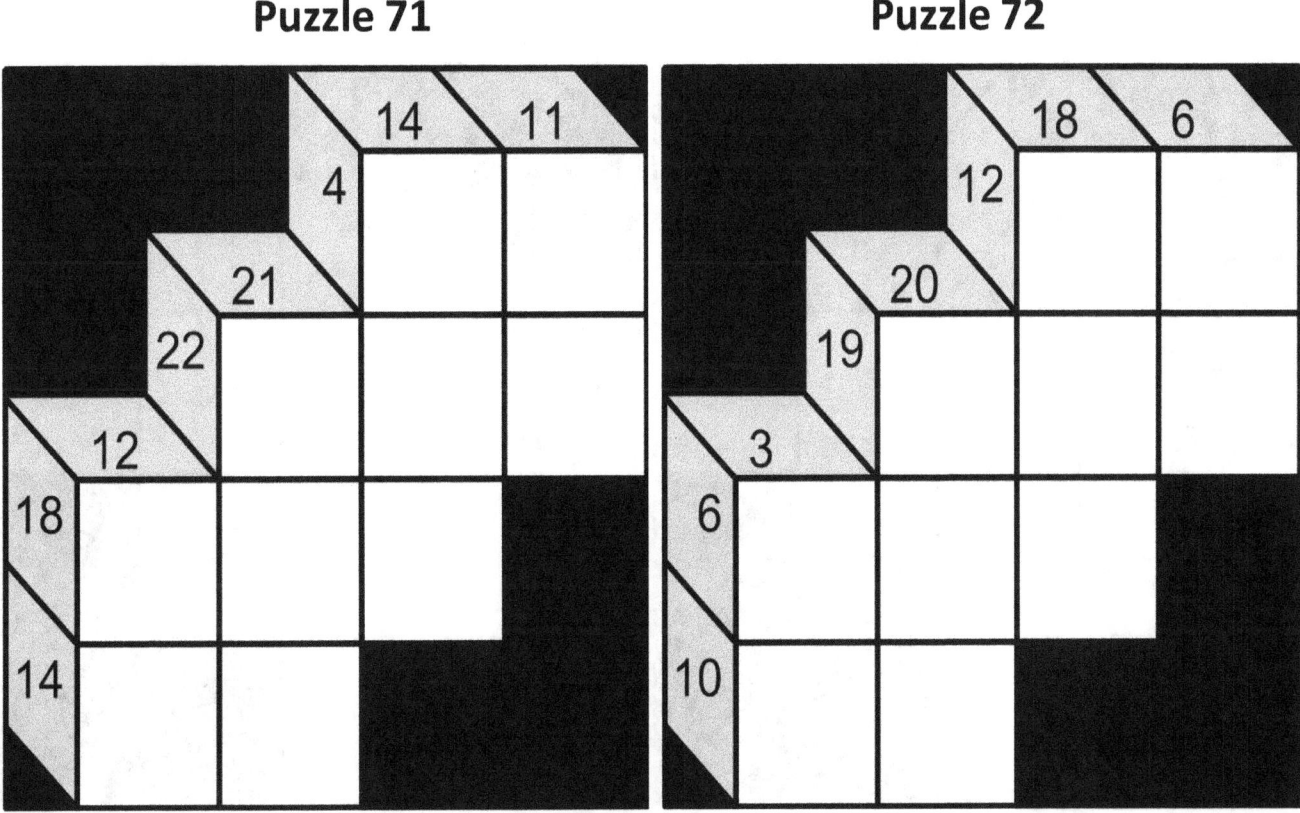

Puzzle 73

Puzzle 74

Puzzle 75

Puzzle 76

Puzzle 77

Puzzle 78

Puzzle 79

Puzzle 80

21

Puzzle 81

Puzzle 82

Puzzle 83

Puzzle 84

22

Puzzle 85

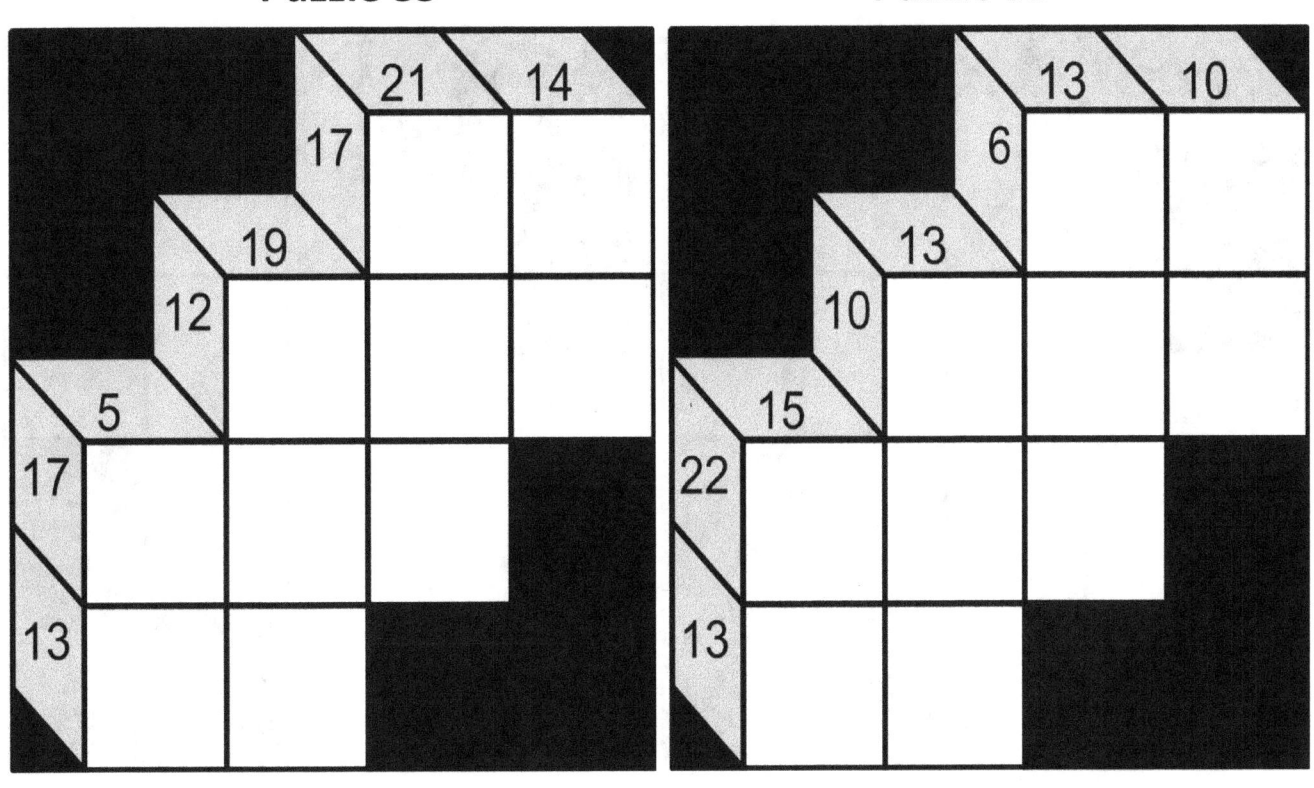

Puzzle 86

Puzzle 87

Puzzle 88

Puzzle 89

Puzzle 90

Puzzle 91

Puzzle 92

Puzzle 93

Puzzle 94

Puzzle 95

Puzzle 96

Puzzle 97

Puzzle 98

Puzzle 99

Puzzle 100

26

Puzzle 101

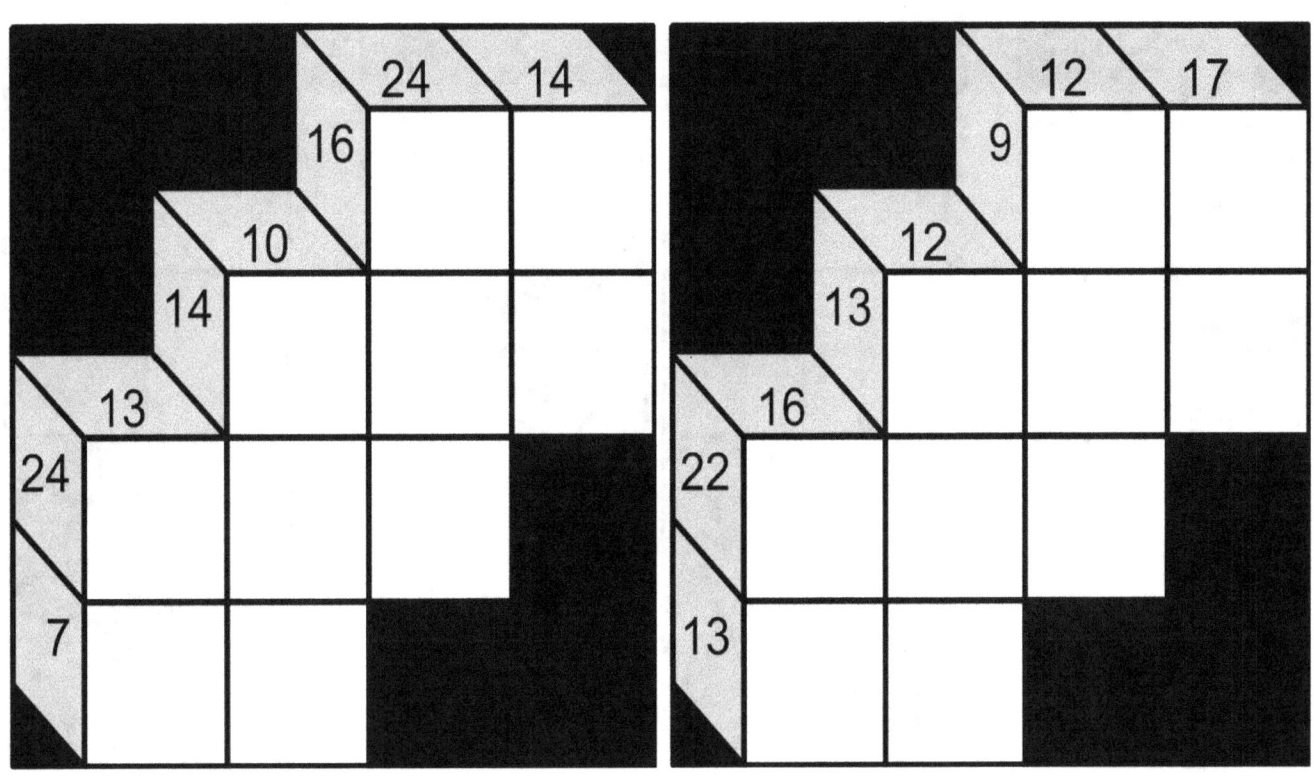

Puzzle 102

Puzzle 103

Puzzle 104

Puzzle 105

Puzzle 106

Puzzle 107

Puzzle 108

Puzzle 109

Puzzle 110

Puzzle 111

Puzzle 112

Puzzle 113

Puzzle 114

Puzzle 115

Puzzle 116

Puzzle 117

Puzzle 118

Puzzle 119

Puzzle 120

Puzzle 121

Puzzle 122

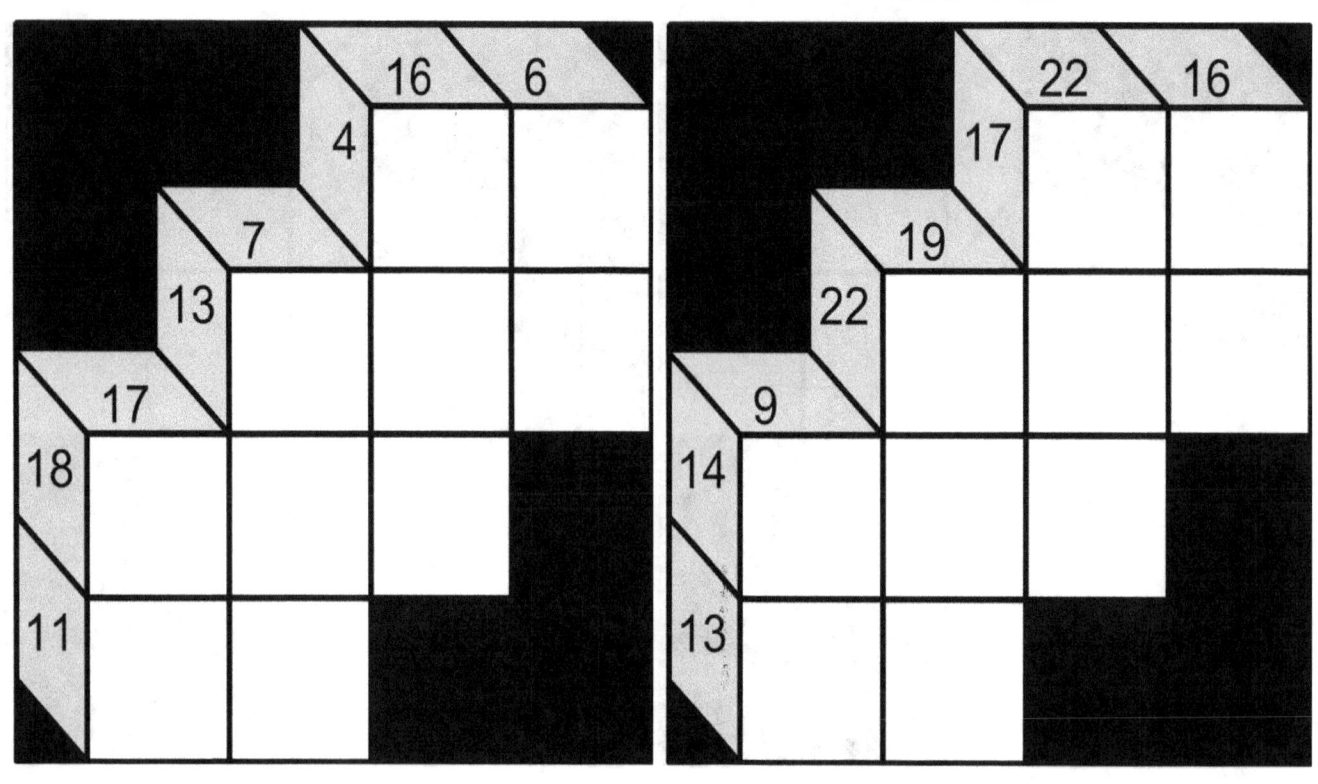

Puzzle 123

Puzzle 124

Puzzle 125

Puzzle 126

Puzzle 127

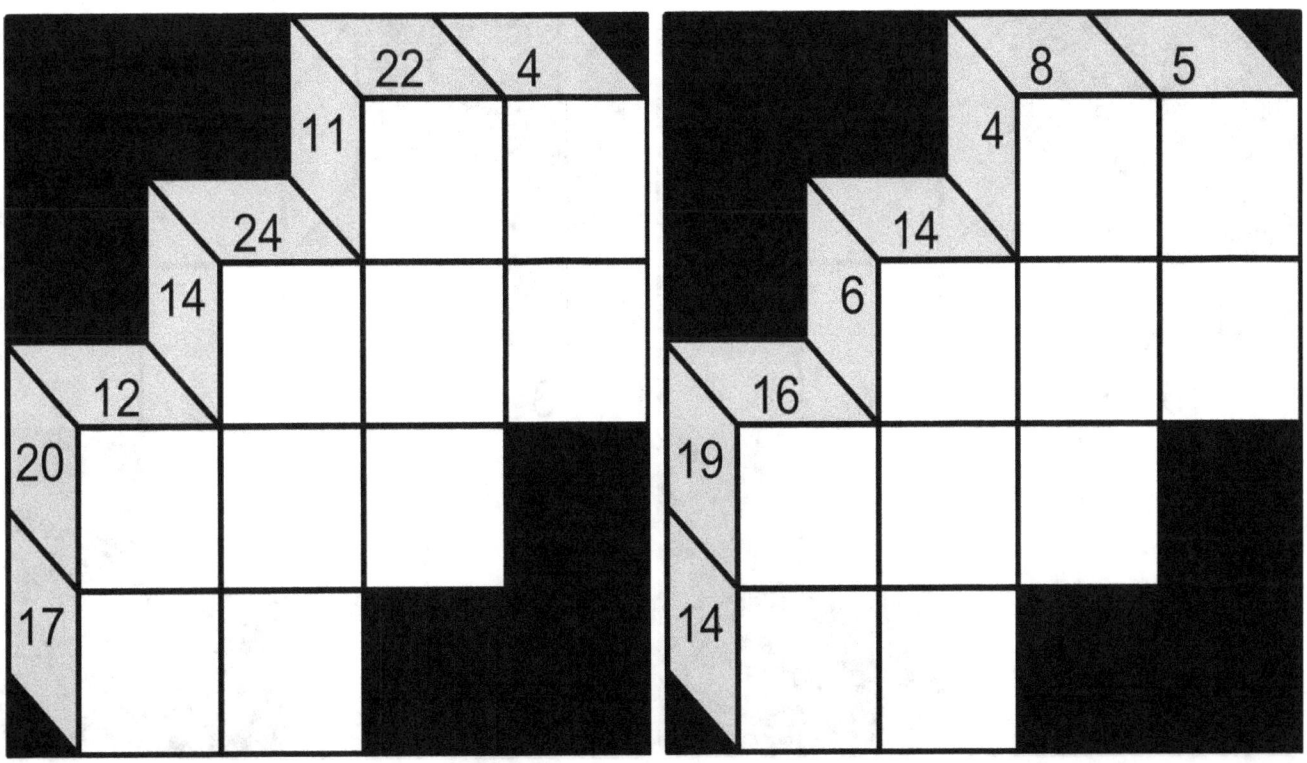

Puzzle 128

Puzzle 129

Puzzle 130

Puzzle 131

Puzzle 132

34

Puzzle 133

Puzzle 134

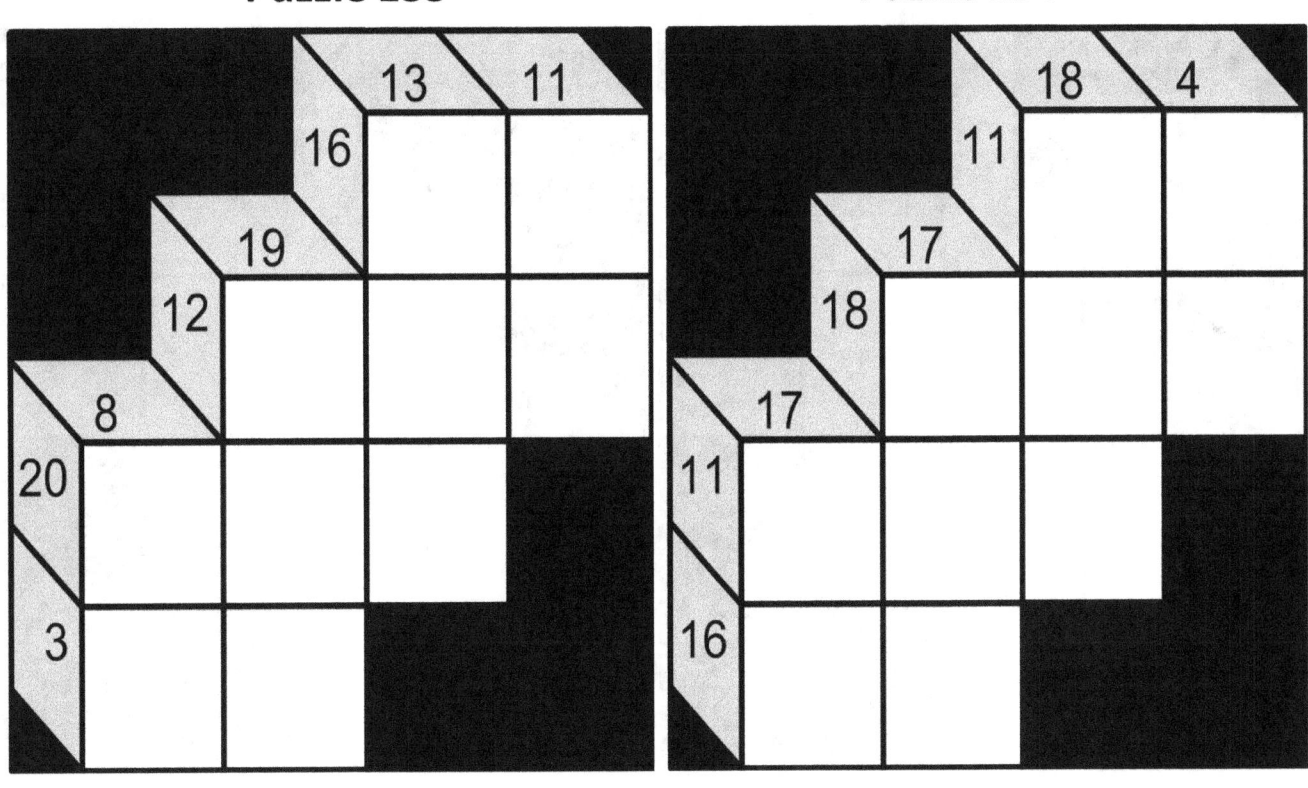

Puzzle 135

Puzzle 136

Puzzle 137

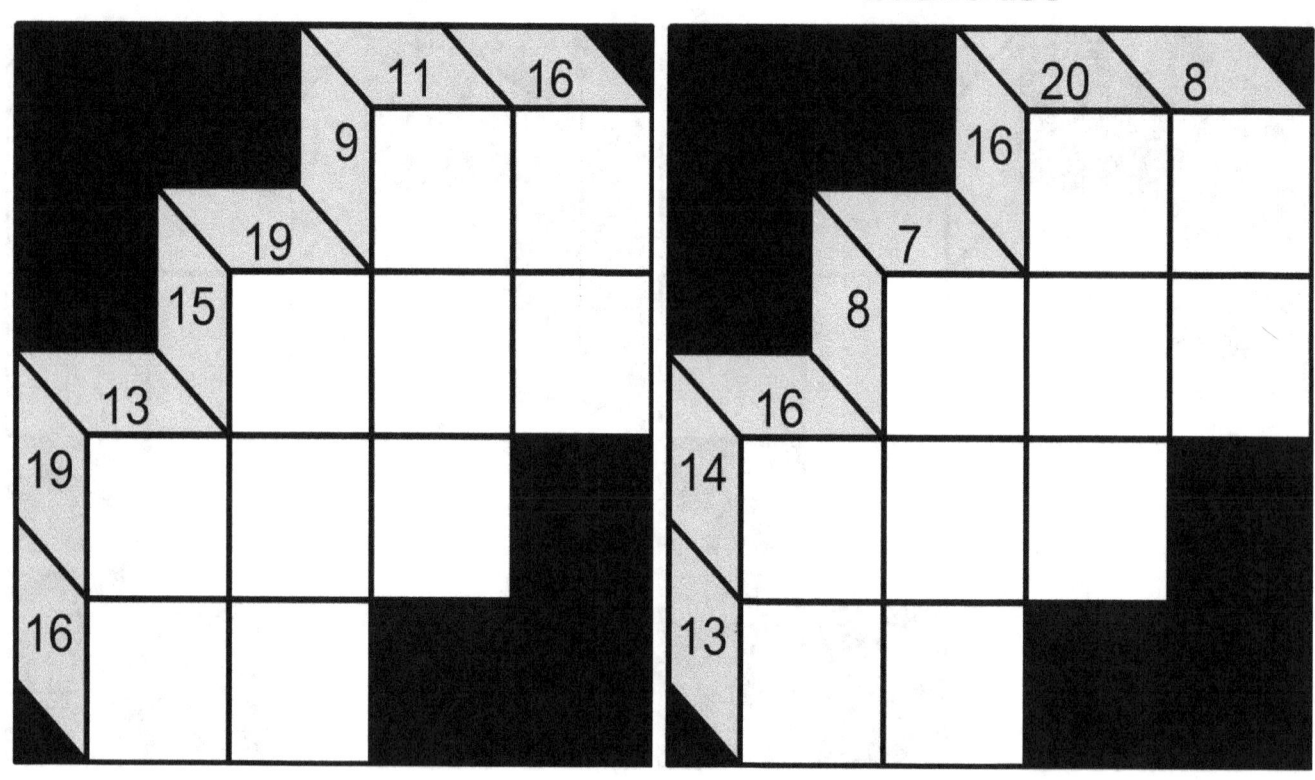

Puzzle 138

Puzzle 139

Puzzle 140

Puzzle 141

Puzzle 142

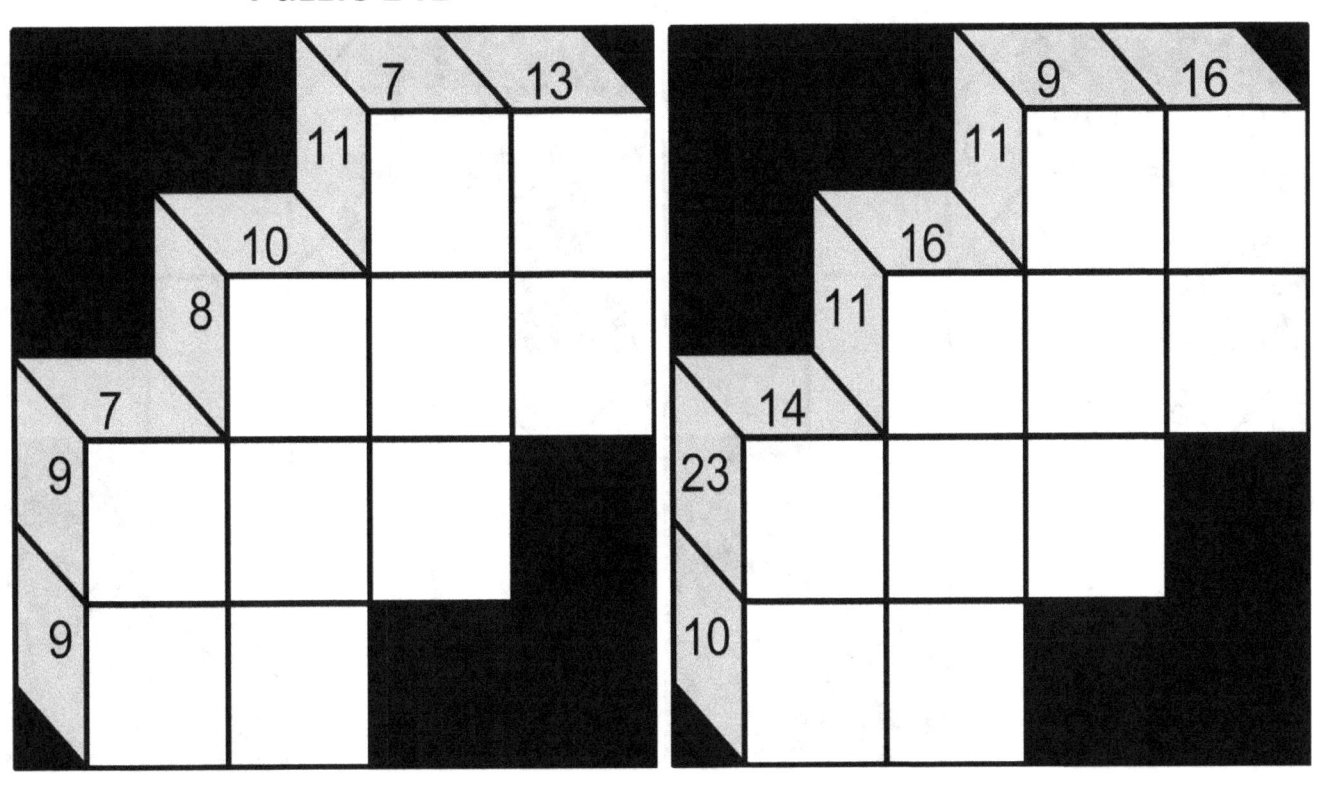

Puzzle 143

Puzzle 144

Puzzle 145

Puzzle 146

Puzzle 147

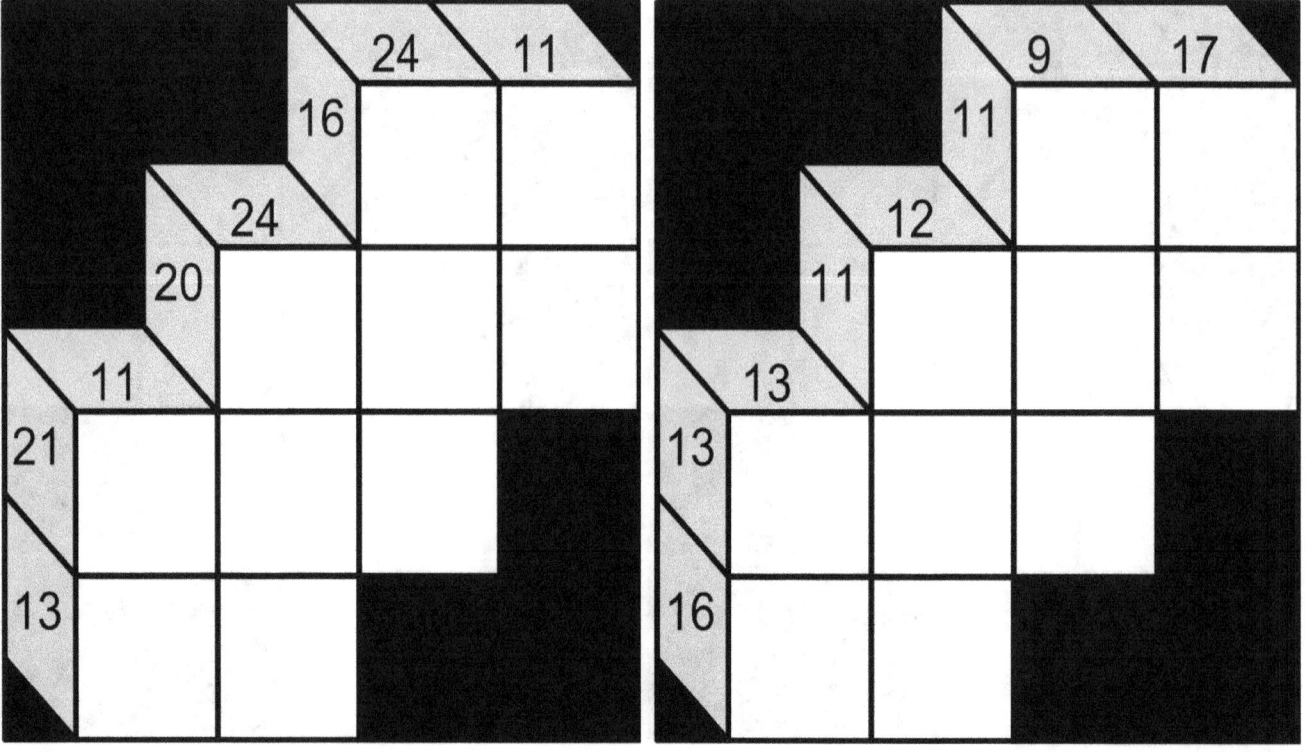

Puzzle 148

Puzzle 149

Puzzle 150

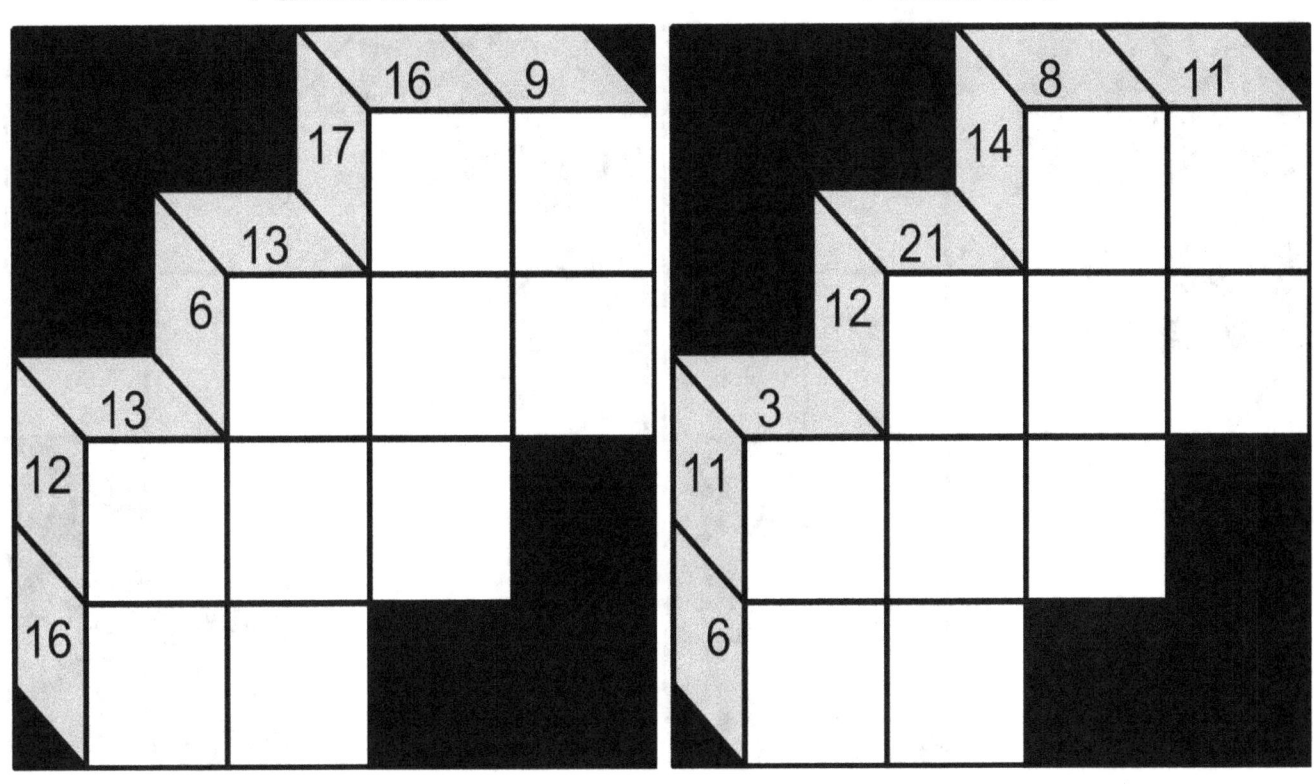

Puzzle 151

Puzzle 152

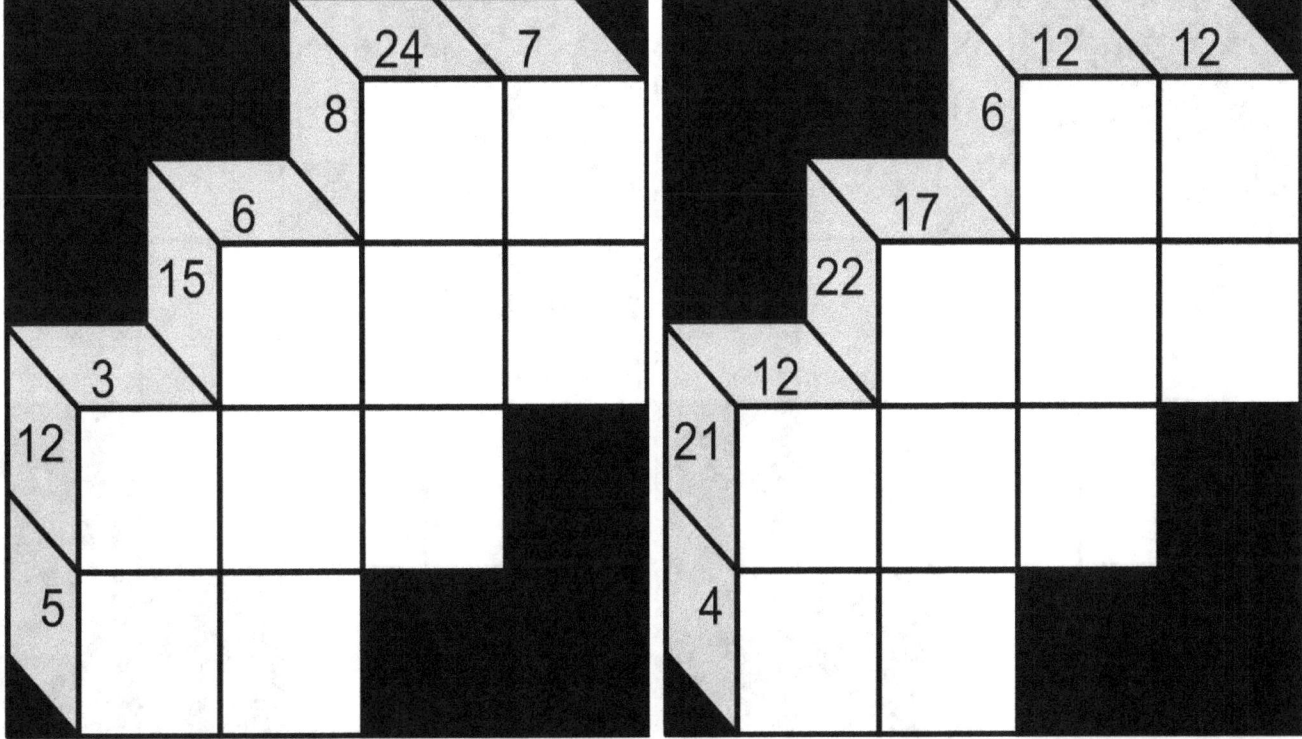

Puzzle 153

Puzzle 154

Puzzle 155

Puzzle 156

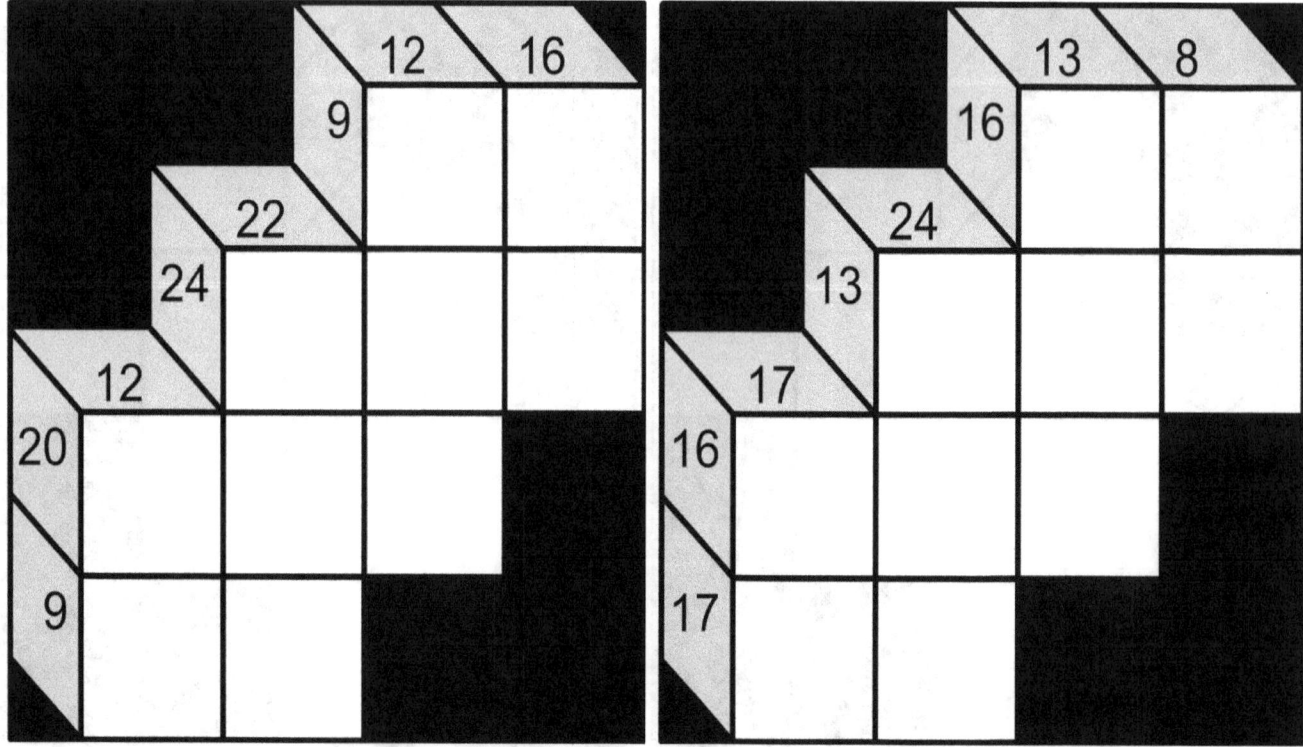

Puzzle 157

Puzzle 158

Puzzle 159

Puzzle 160

41

Puzzle 161

Puzzle 162

Puzzle 163

Puzzle 164

Puzzle 165

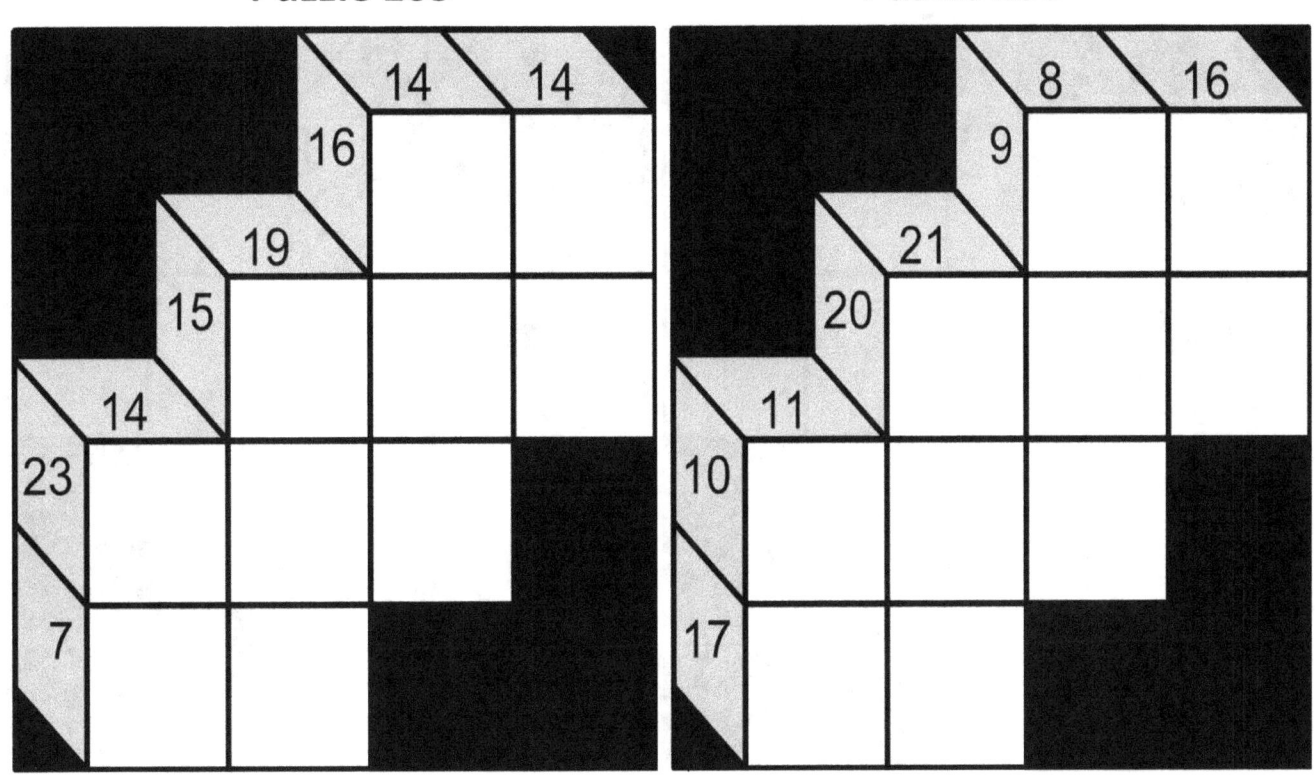

Puzzle 166

Puzzle 167

Puzzle 168

Puzzle 169

Puzzle 170

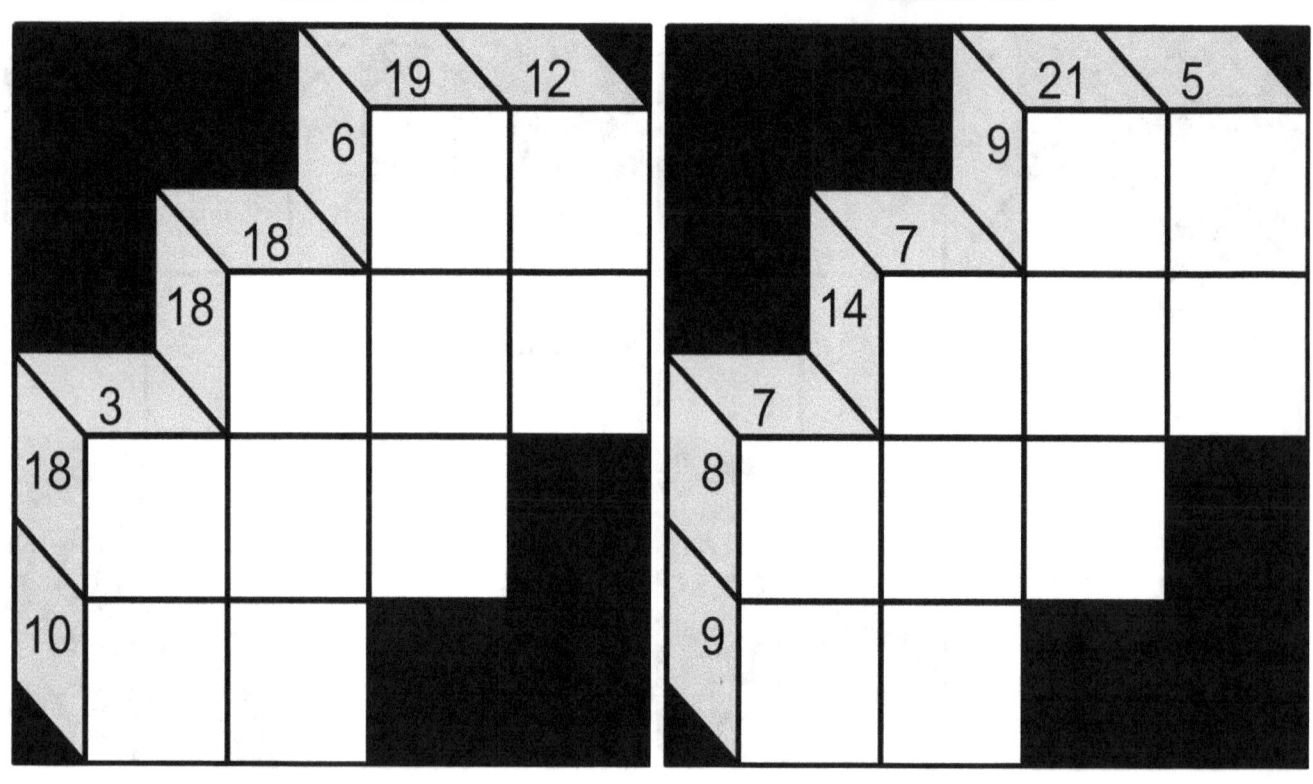

Puzzle 171

Puzzle 172

44

Puzzle 173

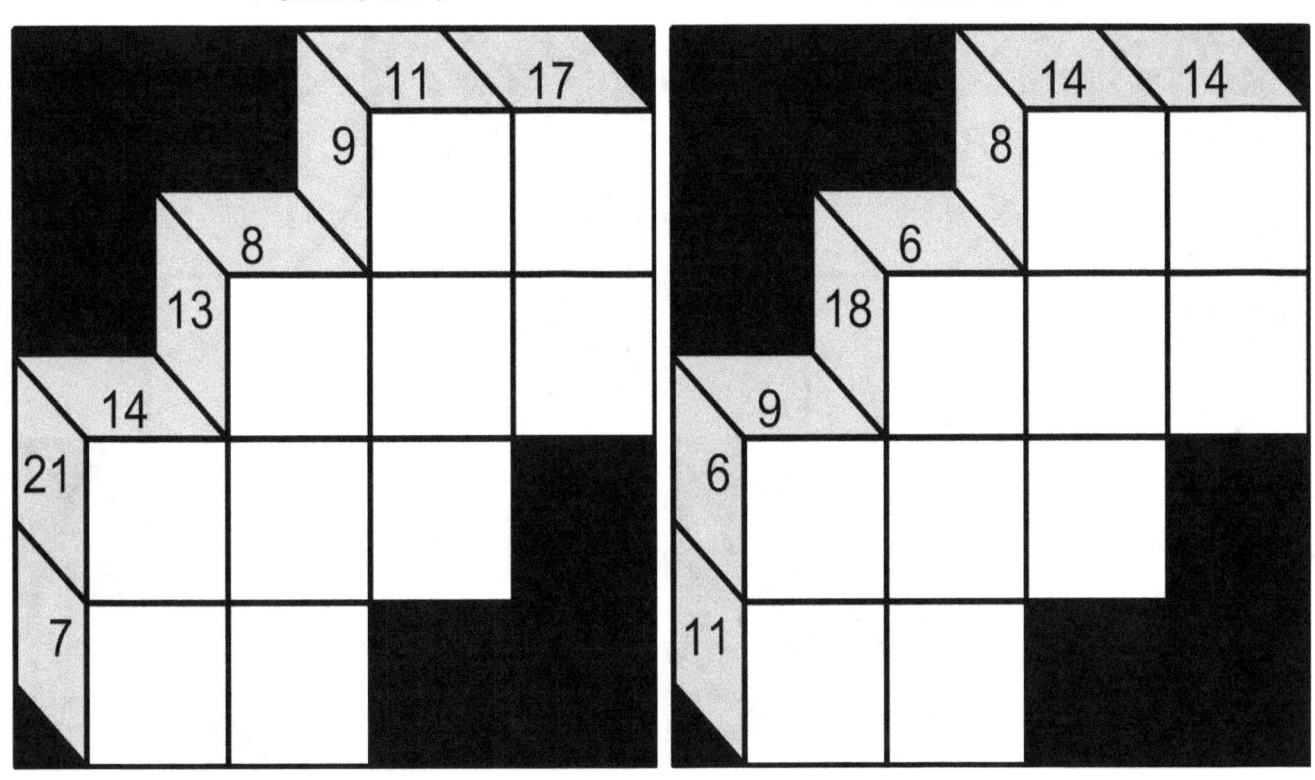

Puzzle 174

Puzzle 175

Puzzle 176

Puzzle 177

Puzzle 178

Puzzle 179

Puzzle 180

Puzzle 181

Puzzle 182

Puzzle 183

Puzzle 184

Puzzle 185

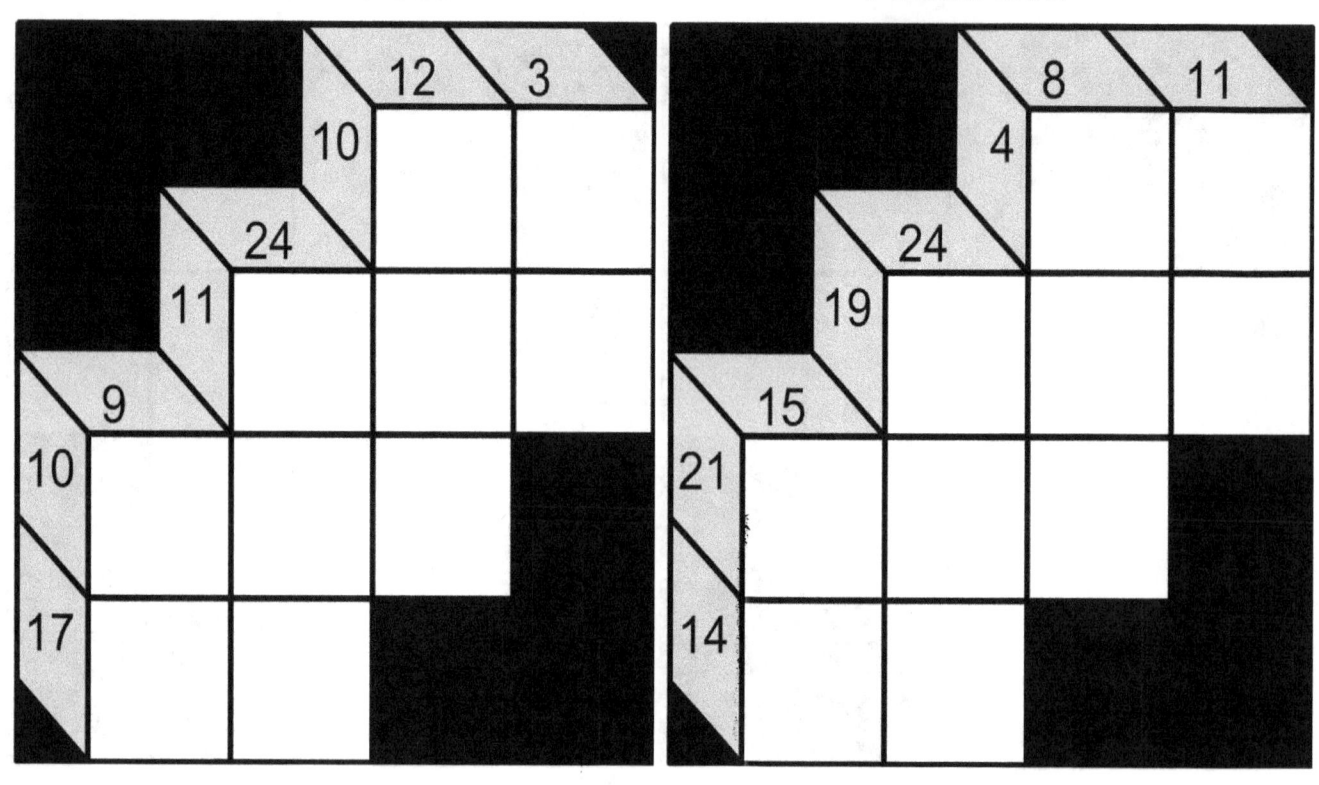

Puzzle 186

Puzzle 187

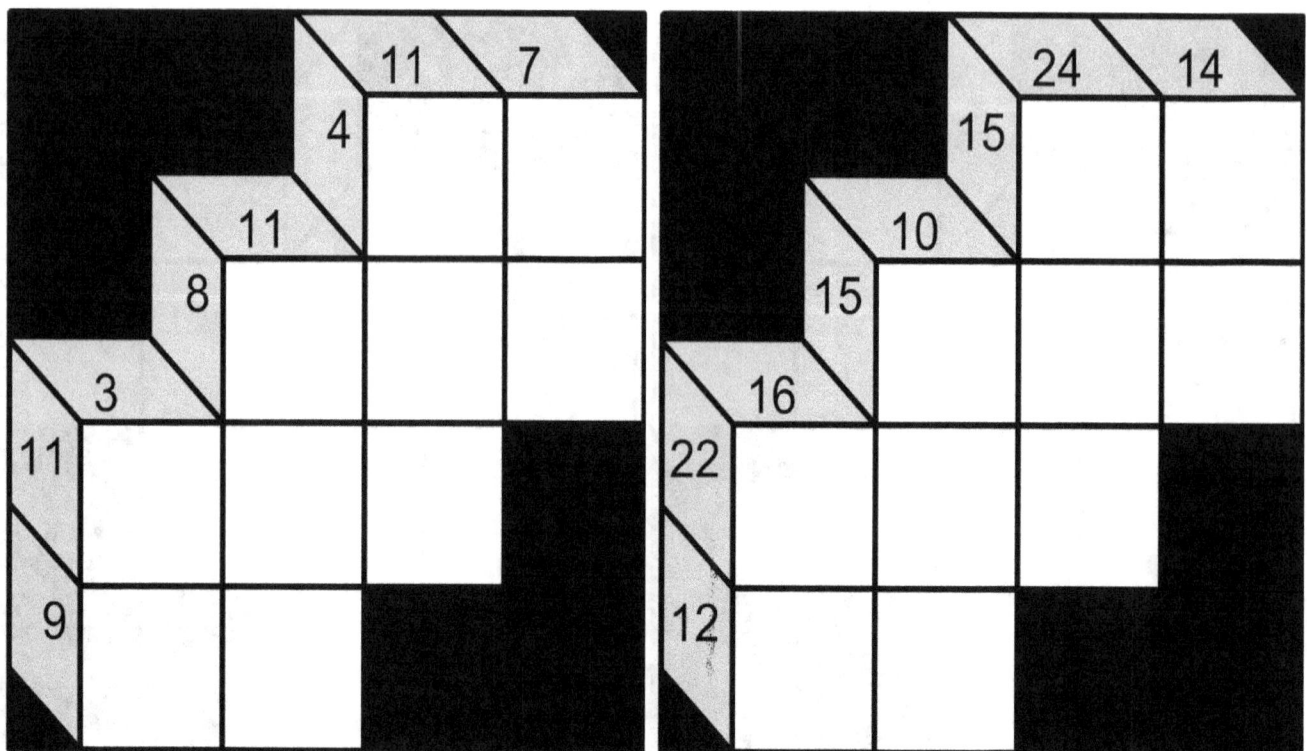

Puzzle 188

Puzzle 189

Puzzle 190

Puzzle 191

Puzzle 192

Puzzle 193

Puzzle 194

Puzzle 195

Puzzle 196

Puzzle 197

Puzzle 198

Puzzle 199

Puzzle 200

SOLUTIONS

Answer 1

Answer 2

Answer 3

Answer 4

Answer 5

Answer 6

Answer 7

Answer 8

54

Answer 9

Answer 10

Answer 11

Answer 12

Answer 13

Answer 14

Answer 15

Answer 16

56

Answer 17

Answer 18

Answer 19

Answer 20

Answer 21

Answer 22

Answer 23

Answer 24

Answer 25

Answer 26

Answer 27

Answer 28

Answer 29

Answer 30

Answer 31

Answer 32

Answer 33

Answer 34

Answer 35

Answer 36

Answer 37

Answer 38

Answer 39

Answer 40

62

Answer 41

Answer 42

Answer 43

Answer 44

Answer 45

Answer 46

Answer 47

Answer 48

Answer 49

Answer 50

Answer 51

Answer 52

65

Answer 53

Answer 54

Answer 55

Answer 56

Answer 57

Answer 58

Answer 59

Answer 60

67

Answer 61

Answer 62

Answer 63

Answer 64

Answer 65

	14	4
11	8	3
21 9	6 2	1
14 16	5 7	4
17	9 8	

Answer 66

	23	6
8	6	2
7 13	1 8	4
15 20	7 4	9
10	8 2	

Answer 67

	19	8
4	3	1
7 18	2 9	7
12 14	3 4	7
10	9 1	

Answer 68

	9	12
10	1	9
14 6	1 2	3
6 14	1 7	6
11	5 6	

Answer 69

Answer 70

Answer 71

Answer 72

Answer 73

Answer 74

Answer 75

Answer 76

Answer 77

Answer 78

Answer 79

Answer 80

Answer 81

Answer 82

Answer 83

Answer 84

Answer 85

Answer 86

Answer 87

Answer 88

Answer 89

Answer 90

Answer 91

Answer 92

Answer 93

16 12
17 **9** **8**
15
7 **2** **1** **4**
5
11 **1** **4** **6**
13 **4** **9**

Answer 94

14 14
6 **1** **5**
8
15 **2** **4** **9**
12
21 **7** **5** **9**
6 **5** **1**

Answer 95

7 17
9 **1** **8**
15
17 **6** **2** **9**
8
18 **6** **8** **4**
3 **2** **1**

Answer 96

7 9
11 **4** **7**
17
7 **4** **1** **2**
9
9 **1** **6** **2**
15 **8** **7**

Answer 97

Answer 98

Answer 99

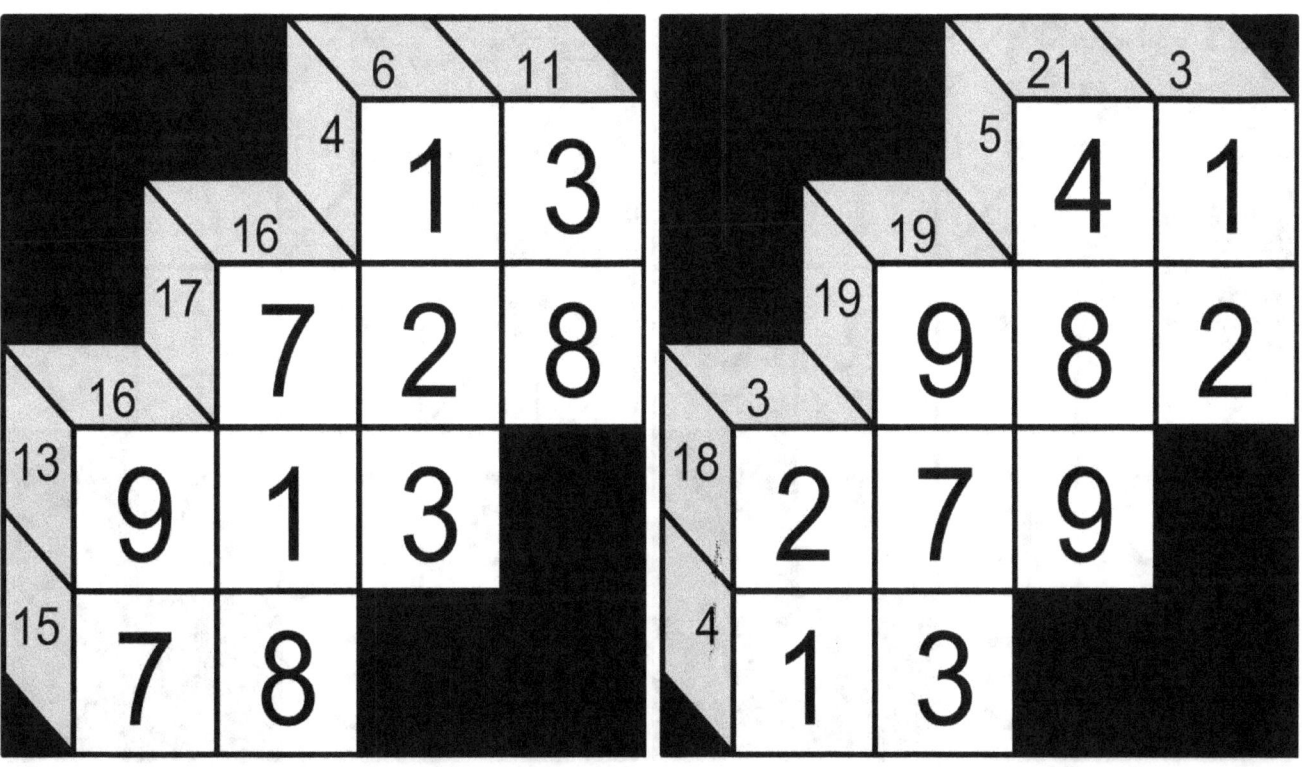

Answer 100

Answer 101

Answer 102

Answer 103

Answer 104

Answer 105

Answer 106

Answer 107

Answer 108

Answer 109

Answer 110

Answer 111

Answer 112

Answer 113

Answer 114

Answer 115

Answer 116

Answer 117

Answer 118

Answer 119

Answer 120

Answer 121

Answer 122

Answer 123

Answer 124

Answer 125

Answer 126

Answer 127

Answer 128

Answer 129

Answer 130

Answer 131

Answer 132

Answer 133

Answer 134

Answer 135

Answer 136

Answer 137

Answer 138

Answer 139

Answer 140

Answer 141

Answer 142

Answer 143

Answer 144

Answer 145

Answer 146

Answer 147

Answer 148

Answer 149

Answer 150

Answer 151

Answer 152

Answer 153

Answer 154

Answer 155

Answer 156

Answer 157

Answer 158

Answer 159

Answer 160

Answer 161

Answer 162

Answer 163

Answer 164

Answer 165

Answer 166

Answer 167

Answer 168

Answer 169

Answer 170

Answer 171

Answer 172

Answer 173

Answer 174

Answer 175

Answer 176

Answer 177

Answer 178

Answer 179

Answer 180

Answer 181

	8	8
6	1	5
8		
6	1	2	3
4		
12	3	4	5
4	1	3

Answer 182

	24	8
8	7	1
8		
16	1	8	7
3		
12	1	2	9
7	2	5

Answer 183

	22	12
13	9	4
16		
23	9	6	8
12		
22	9	6	7
4	3	1

Answer 184

	9	5
3	1	2
19		
10	2	5	3
4		
13	1	9	3
11	3	8

Answer 185

Answer 186

Answer 187

Answer 188

Answer 189

Answer 190

Answer 191

Answer 192

Answer 193

Answer 194

Answer 195

Answer 196

Answer 197

Answer 198

Answer 199

Answer 200

www.ingramcontent.com/pod-product-compliance
Lightning Source LLC
Chambersburg PA
CBHW080934170526

45158CB00008B/2282